吉图字：07-2016-4657

图书在版编目(CIP)数据

我家漂亮的尺子 / 金成恩著；林春颖译. — 长春:长
春出版社, 2011.1(2025.1 重印)
 (数学绘本)
 ISBN 978-7-5445-1501-6

Ⅰ.①我… Ⅱ.①金… ②林… Ⅲ.①数学–儿童读
物 Ⅳ.①O1-49

中国版本图书馆 CIP 数据核字(2010)第 209615 号

我家漂亮的尺子

著　　者：金成恩		绘　　画：吴承敏	
翻　　译：林春颖　夏　艳		审　　定：柏秀泽	
责任编辑：张　岚		封面设计：纸飞机工作室	

出版发行　长春出版社　　　总编室电话：0431-88563443
　　　　　　　　　　　　　　发行部电话：0431-88561180

地　　址：吉林省长春市硅谷大街 7277 号
邮　　编：130103
网　　址：www.cccbs.net
制　　版：长春大图视听文化艺术传播有限责任公司
印　　刷：长春天行健印刷有限公司
经　　销：新华书店

开　　本：787 毫米×1092 毫米　1/12
字　　数：3 千字
印　　张：$3\frac{1}{3}$
版　　次：2011 年 1 月第 2 版
印　　次：2025 年 1 月第 19 次印刷
定　　价：19.80 元

如有图书质量问题,请联系印厂调换　　联系电话:0431-84485611

我家漂亮的尺子

[韩] 金成恩 著

[韩] 吴承敏 绘

林春颖 夏艳 译

长春出版社

国家一级出版社

全国百佳图书出版单位

衣服也变短了吗？

鞋子变小了？

不对，不对，
是因为我长高了，
你知道我长高了多少吗？
个子是这么高！
到爸爸的肚脐了。

现在即使不放搁板架我也能够到门铃了。

手这么大了!

脚也是这么大了!

"嗯？还差很远呢，

我什么时候可以像妈妈长得那么高？"

妈妈说不给我做衬衫，

而准备给我做个连衣裙。

7

要做连衣裙的话，

需要毛线和织针，

可是怎么找也找不到尺子，

妈妈不用尺子，

而是用让我痒痒的"妈妈手尺"来量。

手指最大限度地张开，从大拇指端到小指端的距离叫做"一拃"，我们可以用这个来测量长度。

8

看！张开胳膊，挺直腰板，

一拃，两拃，三拃，用妈妈的"手尺"，

测量从我的腰开始到膝盖的长度。

9

量胳膊的长度。

哈，量量胸围。

这样才能做出合身的连衣裙。

我的尺寸量完了，

都是用妈妈的"手尺"量的。

13

真希望妈妈快点把我的连衣裙做出来。

以前姥姥也是这样给妈妈做衣服的。

妈妈是向姥姥学的。

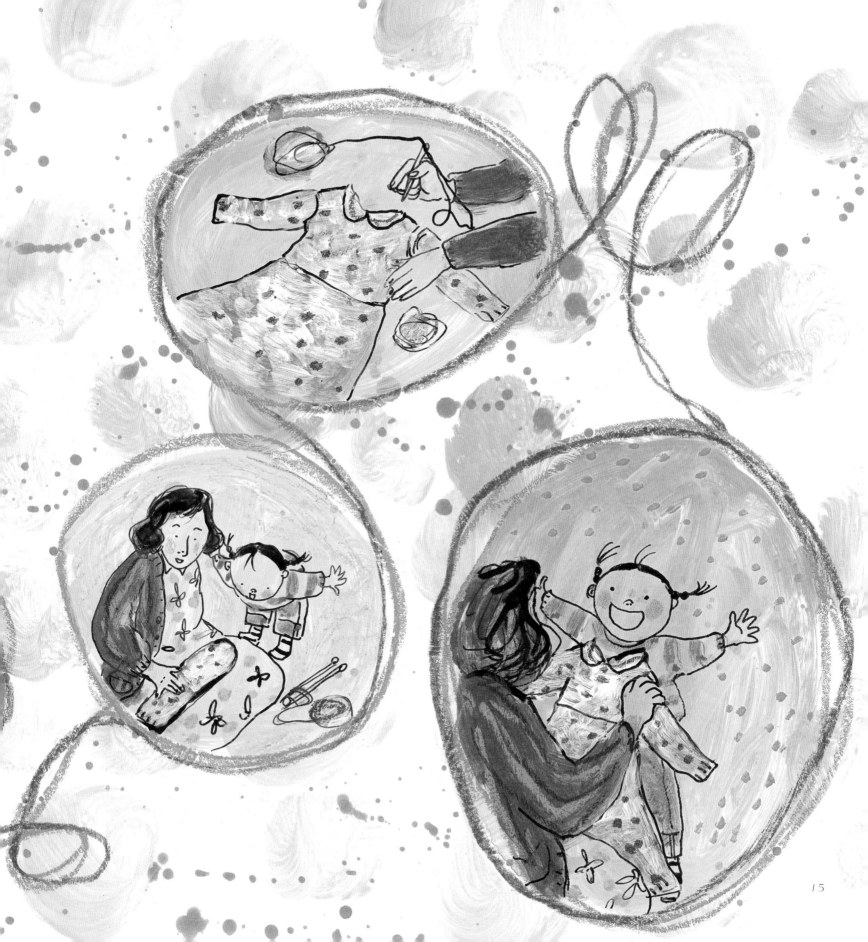

哇，正好合身。

像用尺子量的一样，

妈妈的手是随时可以用的便利的尺子。

16

我的手也可以像妈妈那样吗？
一拃，两拃，三拃，
用我的拃来量量东西。

那再用脚来量量吧，

左脚和右脚按顺序放上去，

一个脚印，两个脚印，三个脚印……

我家沙发的长度是 10 个脚印，我房间到玄关是 12 个脚印。

从脚跟到脚趾端的距离叫做"一脚印"，我们可以
用它来测量距离和长度。

但是院子太大用脚印来量太费劲了，

那么这次就把腿分开

一步，两步，三步……

用步子来量吧。

好！用我的身体尺来量我们家！

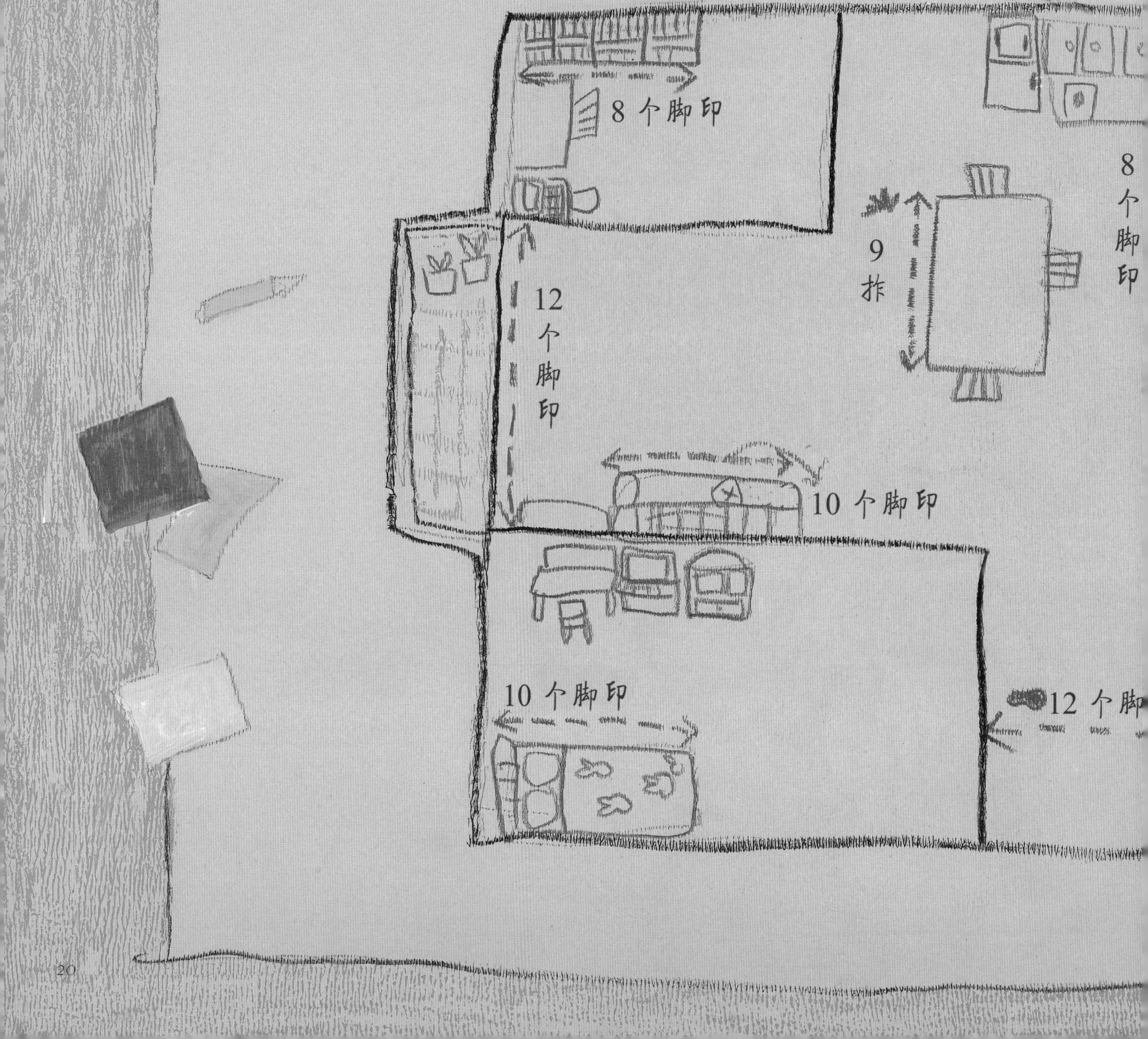

8个脚印

12个脚印

9拃

8个脚印

10 个脚印

10 个脚印

12 个脚

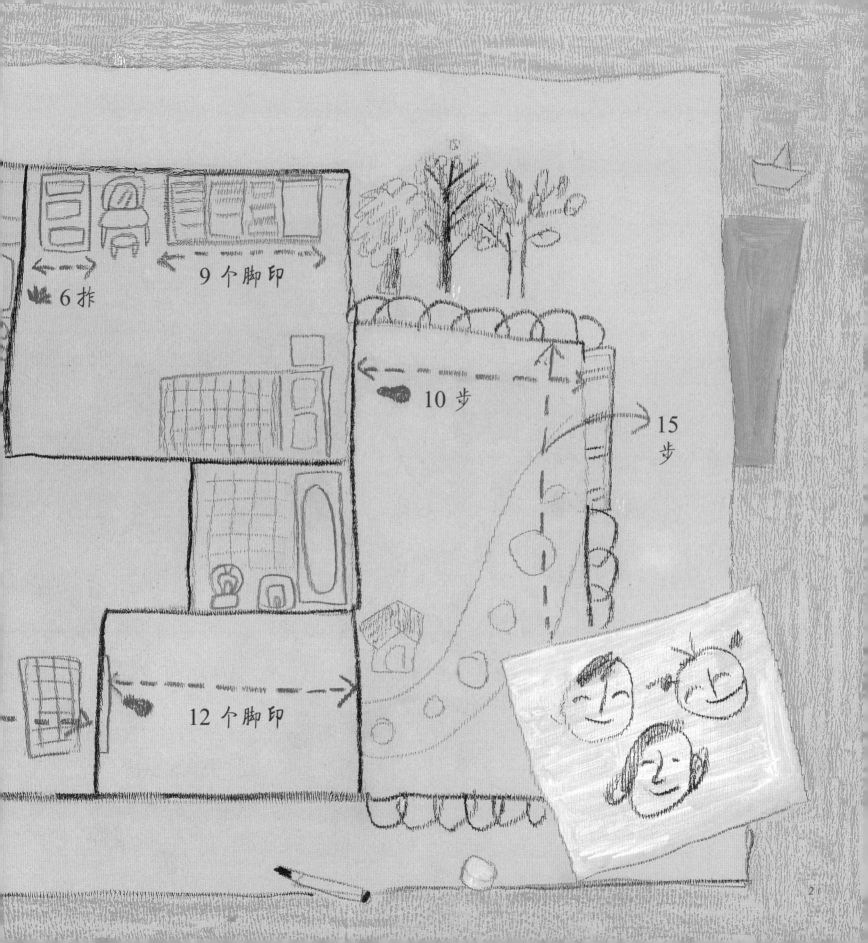

9 个脚印

6 排

10 步

15 步

12 个脚印

"妈妈，爸爸！我用身体可以量东西了。"

"现在开始可以叫我们女儿是'我们家漂亮的尺子'了。"

"当然了，妈妈。"

现在，"我们家漂亮的尺子"开始忙了，很忙。

窗帘用胳膊来量。

地毯用步子来量。

量桌布的时候用拃来量。

庭院里的树有多粗用两只胳膊

紧紧抱住来量就行了。

抱

庹

两只手臂合围的量叫做"抱"，两只手臂左右平伸时，从一只手的中指端到另一只手的中指端的长度叫做"庹（tuǒ）"。

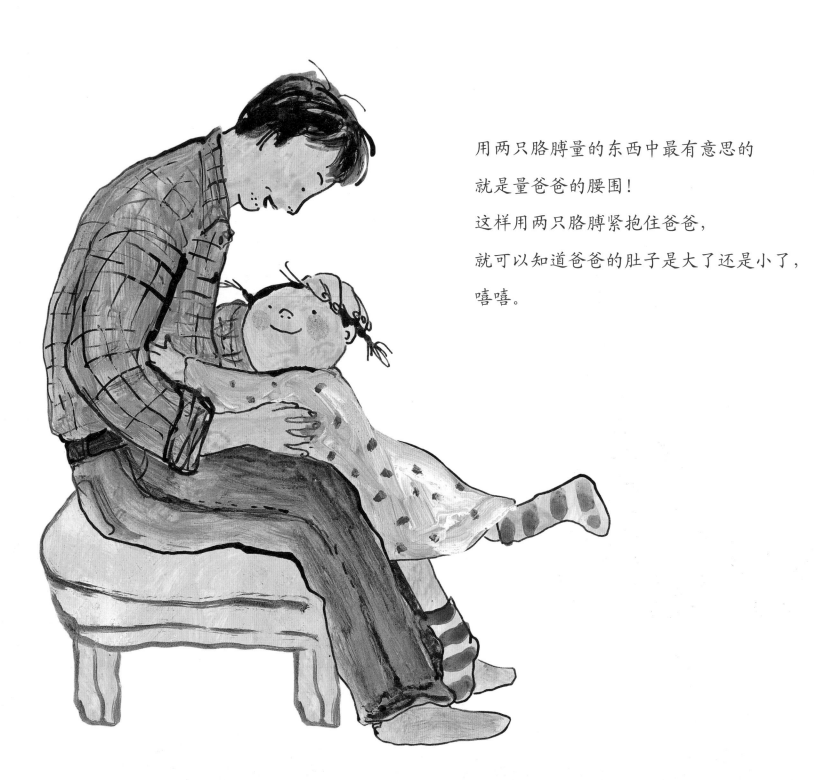

用两只胳膊量的东西中最有意思的
就是量爸爸的腰围！
这样用两只胳膊紧抱住爸爸，
就可以知道爸爸的肚子是大了还是小了，
嘻嘻。

抱住妈妈的肚子，

就可以知道我的弟弟长了多少，

现在马上就可以见到弟弟了，

因为抱住妈妈，

我的两只手的手指尖互相够不到了，

就知道他已经足够大了。

我的身体是灵巧的尺子!
用我的手，我的胳膊，我的脚，
多长，多宽，多高，
都可以量。

我的身体是神奇的尺子!

我长高的话,我身体的尺子也会一起长大。

用身体测量

这个故事是以人身体里的数学现象为中心展开的。用身体测量很容易被认为是只有在标准测量单位出现之前的活动，但实际上即使现在，我们在日常生活中还经常会用到这种实用的测量方法。如果突然要测量什么东西，自己却没有尺子该怎么办呢？用手掌、脚印、胳膊等来测量都是很好的测量方法。

有意思的是，我们现在使用的大部分标准化测量单位都源于人的身体。英国使用的测量长度的单位"码（yard）"是人伸直手臂时，从鼻子到食指尖的距离。"英尺（feet）"源于成年人一只脚的长度。告诉孩子们即使不使用标准化的测量工具，我们用身体也可以进行

测量。同时，要让孩子们知道很多标准化单位都源于人体。通过这些，让孩子们认识到我们身体具有的数学价值。相信他们会兴趣盎然地发现数学竟然离我们这么近。

一拃，两拃，测量爸爸

游戏目标　用身体测量事物的长度和周长
游戏道具　3 张纸，铅笔，卷尺

1 两张纸都写上爸爸的名字，然后简单地画出爸爸身体的图画，妈妈和孩子每人一张。

2 让爸爸躺在客厅里。妈妈和孩子用手分别来测量爸爸的个子、腰围、脚的长度。

3 在画有爸爸的纸上，妈妈和孩子标示出爸爸身体相应部位的长度。例如："用孩子的拃量爸爸的个子是 15 拃"、"脚是 2 拃"等，记录下来。

4 妈妈也把爸爸身体各部位测量的结果写在纸上，然后比较一下。

5 最后用卷尺重新测量一下爸爸身体的各个部位，用标准的测量单位写下来。

尺:

古代中国人把人们的手尽量大地伸展开时，从拇指端到中指端之间的距离称为"尺"，用来测量长度。最开始的时候一尺是 18 厘米左右，后来渐渐地变长，现在把 30 厘米左右叫做 1 尺。即使在今天，中国人在量衣料长度、房间长度和衣柜长度的时候也经常使用这个单位。

Feet:

英语的 feet 直译过来是"脚"的意思，以前罗马人在测量长度的时候按照右脚、左脚紧挨着往前走的方式来测量。这样的测量方法一直沿传下来，现在英国人还在使用这种方法。一 feet 大概是 30 厘米。

Yard:

过去英国国王亨利一世把从自己的鼻子到一个伸直的胳膊的食指指尖的长度定为一 yard。到现在为止在英国还在使用这种测量长度的单位，一 yard 大概等于 90 厘米。

步:

成年人的一步的长度。在中国主要用于测量土地的宽度，韩国也在测量距离的时候使用。一步大概等于 100 厘米。

一人高:

以前在韩国，通常以人的个子为单位来估算长度。所以一人高是指普通成年人的个子那么高的长度。这样可以在估计很高物体的高度或者深度的时候使用。

庹和抱:

庹和抱都是把两只胳膊向左右伸开的时候左手中指尖到右手中指尖的长度。庹是把两只胳膊向两边直伸开以后测量的长度，抱是把两只胳膊环抱成一个圆形以后量到的长度。庹主要用于测量草绳和绳索的长度，抱用于测量柱体的周长。

我的身体也有神奇的尺子

利用我们身体能测量的方法有很多。

好好看看然后跟着做吧。

手指甲大小的玉米粒。

真小啊。

两个拳头大小的苹果。

攥紧两个拳头。

像头大小的白兰瓜。